U0045826

瑞秋卡森與環保運動

用實際行動改寫未來生態環境

姜誠垠 著　閔承志 繪　李壽鐘 監修　游芯歆 譯

目次

第 1 章
我是海洋森林咖啡館管家

海洋森林咖啡館

拿著掃帚的女孩

你好！我是尹海琳，「海洋森林咖啡館」的管家。如果你問小學生為什麼在當咖啡館管家呀？就是嘛！小學生在這個時候理所當然應該在補習班做數學題或背英文單字才對吧？可是，你看看我，在其他同學用功學習的時候，我卻在清掃滿是沙子的庭院。

在半年前，這是我根本無法想像的事，因為當時我一放學就要趕著上補習班學英文、數學、作文，或是學游泳。尤其是我之前居住的城市，像是要互相較勁似地讓孩子們補習5、6種課程，甚至以此而出名。

然而在祖父去世之後，一切都改變了。原本為了賣掉祖父留在鄉下的海邊房子而四處奔波的爸爸，突

海洋森林咖啡館

然決定不賣掉房子了，而是把房子整修一番之後開了一家咖啡館。

「很早以前我就曾經想過，退休之後要回到故鄉開一家咖啡館，在那裡度過晚年的生活。現在只是把計畫的晚年生活提早了而已，大概提早了20年吧？哈哈哈！」

爸爸之前平日加班、週末睡覺，都很難得可以見到他，我從來都不知道他竟然有這樣的膽量。

原本媽媽對爸爸的決定表示堅決的反對，所以當她突然轉為贊成時，這件事情便順利地進行了。轉眼間，祖父的房子改頭換面變成一間咖啡館；以前每次回來偶爾小住的2樓小房間，現在也成了我要度過每一天的房間了。

後來我才知道，原來爸爸不是辭職，而是隨著公司規模的縮減，自然而然離開了。雖然不知道是有多自然而然，但是當我們決定搬家之後，爸爸的表情從陰鬱重新變得開朗起來，看來搬來鄉下或許並不是什麼壞事。

對我來說，這也是好事。雖然要和朋友分開讓我非常、非常捨不得，但媽媽也這樣向我保證：

「去那裡就不用上數學補習班了，OK ？」

「英文補習班也不用上的話，OK ！」

「好，小事情，沒問題！」

我嘛，當然很高興。因為我以為從此以後，我就不用老是坐在補習班裡面，可以撲通一聲跳進海裡玩水，還慶幸自己還好有先上了游泳班。

然而我不知道的是，雖然不用去上補習班，卻得

每天晚上接受媽媽牌輔導課，更沒想到有一位比補習班老師更加嚴厲、也還要嘮叨的媽媽老師在等著我；而且，我作夢都想不到的是，比起跳進海裡玩水的時間，拿起掃帚打掃咖啡館的時間還要多更多。

還有，像今天星期一是咖啡館公休的日子，爸爸跟媽媽以勘查附近新開的咖啡館為藉口，出去外面約會，我卻不得不代替他們清掃院子！我寶貴的連續假期，都過得像是什麼樣子呀？黃豆女*和灰姑娘簡直就是我本人！

*韓國傳統故事《黃豆女與紅豆女》，也就是韓版的灰姑娘故事。黃豆女的母親去世後，父親娶了後母，後母帶著紅豆女一起嫁過來。

惹禍精流浪貓可可

大致把院子打掃一遍之後，我要快點幫自己泡杯甜甜的可可來喝。我泡的熱可可比爸爸泡的更好喝。不過，我嗅了嗅，似乎有一股難聞的味道呀？該不會又是那傢伙幹的好事！

我家咖啡館的常客除了人以外，還有別的來客，就是那群流浪貓！住在城市裡的社區大樓時也經常會看到流浪貓，但這裡的流浪貓等級不同。城市裡的流浪貓有許多瘦骨嶙峋的小貓，只要一對上眼就會落荒而逃，但是這裡的貓就不會逃跑。不知道是不是吃了太多遊客給的食物，身體長得圓滾滾的、毛也油光發亮，而且一點也不怕人。如果遊客靠過來想摸摸牠們，牠們也不會逃之夭夭，而是對人類嗤之以鼻似地悠閒走開。

我雖然不討厭貓咪，但也沒多喜歡。準確地說，應該是覺得很煩吧。偶爾會有幾隻傢伙腳上沾滿沙子跑進咖啡館裡，那麼負責清理那些沙子的人，除了我之外還有誰呢？

其中一隻全身黑色只有腳是白色的可可最讓人受不了。身材壯得跟山一樣、兩頰圓鼓鼓的，還貪吃得不得了。明明那麼愛乾淨，把自己的身體舔了又舔，卻會亂丟自己吃剩的食物殘渣，而且是丟在我家後院！牠還一定要在地上挖個坑丟進去！不知道是在和我玩躲貓貓還是想怎樣？如果我很快就找出食物殘渣的話那就還好，萬一沒發現的話就完蛋了，沒多久就會散發出餿掉的腐臭味道，就像現在這樣！

「可可，你這傢伙！都怪你埋在土裡的食物，才會引來這麼多飛蟲和螞蟻，這讓我有多辛苦你知不知道？噴再多的殺蟲劑也沒有用！」

我拿著鏟子和塑膠袋走到後院去。

可可果然是可可，牠今天甚至乾脆露著肚皮呼呼大睡了。

「臭小子，你今天被我逮到了！」

咦，奇怪，這個時間可可怎麼會在這裡？還不到下午2點呢！這個時間可可通常都在馬路對面的生魚片店的前面玩耍，因為老闆娘會把客人吃剩或不要的生魚片分給牠。

我悄悄地走近可可，動腦筋想著要怎麼逗牠。但是，可可的樣子有點奇怪，牠的嘴角沾滿了白沫！

「可可！可可？」

可可身邊散落著沾了土的三明治碎塊，牠該不會把埋在土裡的三明治又挖出來吃了吧？昨天我噴殺蟲劑要消滅飛蟲時，一不小心噴得滿地都是……。

「可可，你死掉了嗎？可可、可可！」

我也不記得自己是怎麼來到動物醫院的，反正我抱起可可拔腿就跑。幸好當時腦子裡馬上就浮現了動物醫院，我還記得不久前有位穿著白色長袍的獸醫姊姊，她分給大家小狗模樣的白米蒸糕。那時把我吃到一半放著的蒸糕一口叼走的傢伙也是可可。

「獸醫姊姊，可可一動也不動了！好像吃到了殺蟲劑的樣子。」

我急得大叫，獸醫姊姊猛然站了起來。

「啊，是梅洛嗎？」

原來獸醫姊姊幫可可取的名字叫梅洛。姊姊把可可放到診療台上，然後用聽診器仔細地檢查可可的身體，還摸了摸可可嘴角的白沫和嘔吐物，並且聞了聞味道。

「獸醫姊姊，怎麼辦呀，可可是不是死了？」

獸醫姊姊親切地對我笑著說：

「幸好妳發現得早，只要把牠的胃部洗乾淨就沒事了。」

獸醫姊姊抱著可可走進裡間的手術室，又走回來把面紙遞給我。

直到這時，我才發現原來自己在哭。

如果聽不見貓叫聲

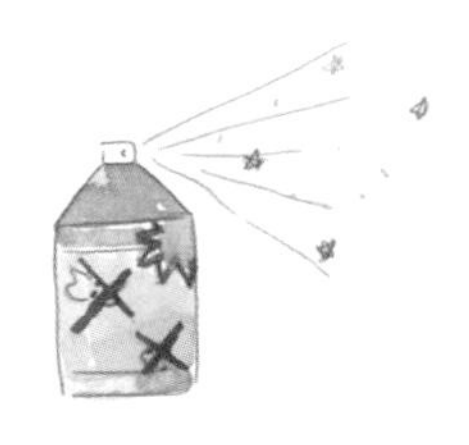

過了1個小時以後，我和獸醫姊姊面對面坐著，我提在半空中的心終於放了下來。還好，可可沒死！可可沒事了，現在就在病房裡睡覺。

姊姊說，因為可可馬上就把吃下去的東西吐了出來，所以牠才能活下來。也就是說，在牠的身體完全吸收掉殺蟲劑成分之前，可可就先吐出來了。

姊姊也鬆了一口氣，坐在我身邊開始跟我聊天。

「可可這個名字是妳幫牠取的？我都叫牠梅洛，因為牠全身都是黑毛，卻只有腳是白色的，就像熱可可裡的棉花糖（marshmallow）一樣，於是我就叫牠梅洛（mallow）了。」

姊姊愉快地說，似乎想緩解我低落的心情。

「嗯，是我取的。就是『可可亞』裡的『可可』這2個字，因為牠很黑嘛！」

「難怪我怎麼喊梅洛，牠都不理我，原來已經有了『可可』這個名字，這名字更適合牠呢。」

「嗯……也沒有什麼適不適合啦，是因為牠長得太醜了，所以我想說那至少名字要漂亮呀，才叫牠可可的。但就算我喊牠可可，牠也不過來，不知道牠的個性有多傲慢呢！嘻嘻。」

「哈哈，可可確實看起來皺巴巴的。」

獸醫姊姊也很了解可可，姊姊說附近的流浪貓她都至少見過一次，也治療過一些受了傷的浪貓。不愧是獸醫姊姊，果然與眾不同。我只幫牠取了可可這個名字而已，但從來沒有好好對待過可可，反而讓牠置身險境。

看到我的臉色變差，獸醫姊姊溫柔地說：

「只要打一天的點滴和解毒劑，殺蟲劑成分應該就會全部排出來了，之後牠就會像以前一樣活蹦亂跳的，別擔心！」

「我沒想到可可會把自己丟掉的食物又再撿回來吃，我偶爾也會拿咖啡館的食物給牠吃的。只是因為老是有飛蟲出現，我為了消滅飛蟲才想噴一點點殺蟲劑的……。嗚嗚嗚！」

眼淚又從我的眼睛裡一滴滴落下來，獸醫姊姊輕輕拍撫我的肩膀。

「再這麼哭下去，要是妳哭到虛脫的話也得打點滴囉，別哭了，就跟妳說沒事了呀！我們來喝杯可可慶祝可可平安無事，好不好？」

姊姊拍了一下手，站起來將電熱水壺裝滿水，然後像是突然想起來似地說：

「如果瑞秋・卡森看到現在這個世界的話，或許她不會說『我們將再也聽不到鳥鳴聲』，而是會說出『我們將再也聽不到貓叫聲』吧。」

「瑞秋・卡森是誰？是一位著名的獸醫師嗎？」

第2章
對寂靜的春天發出警告的瑞秋．卡森

一個悲傷的故事

「在我告訴妳瑞秋・卡森是什麼人之前，我先講個故事給妳聽。」

「故事？好呀！」

想像一下！

朵朵盛開的野花，綻放著如彩虹般紅橙黃綠藍靛紫的花瓣。

想像一下！

一片茂密的森林，綠色枝椏強而有力地伸向高高的天空。

想像一下！

在豔麗野花之間快樂地奔跑遊玩的各種小動物。

在高聳樹木之間飛來飛去嘰嘰喳喳鳴唱的小鳥。

「想像一下，在這鬱鬱蔥蔥的森林裡有一個村莊，是不是美得像一幅畫一樣？」

「所有著名的童話故事都是從一個風景如畫的村莊開始的！」

「是嗎？所以才說這是個故事嘛，對吧？妳接著聽下去。」

這個風景如畫的村莊裡，人們每天都是在小鳥的鳴唱聲中醒來。村民們非常勤奮，春天播種、秋天收穫，也把牛、豬、雞等家畜看成家人一樣盡心地飼養。村民們相信，這樣安詳的日子會永遠持續下去。

「可是呢……。」

「嗯，可是呢？」

不知道從哪一天開始，村莊裡接二連三地發生奇

怪的事情，家畜不再產子，就算生下來了也很快就會夭折。不僅如此，當季節變換時會像換衣服一樣變色的小花和樹木都慢慢枯萎，再也結不出果實，美麗安詳的村莊漸漸地失去了生氣。村莊為什麼會變成這樣呢？一向熱熱鬧鬧、生氣勃勃的森林，為什麼變得這麼死寂？

村莊為什麼突然間就變得安靜下來呢？唉唷，不想了，我本來就不擅長推理。

「嗯，村莊變得安靜的原因……，是因為村民們一下子都消失不見了嗎？」

「不，是小鳥消失了。再也聽不到每天早上快快樂樂地喚醒村民的鳥鳴聲，這才是村莊變得安靜的主

要原因。」

「為什麼呢，獸醫姊姊？為什麼唱歌的小鳥都消失了？」

「那是因為從天空裡落下的白色粉末。」

「是雪嗎？難道雪沾滿了病菌？還是那是魔女撒下的魔粉？」

「不是，就是單純的白色粉末。這個村子不久前曾經有白色粉末像下雪一樣從天上落下來。一開始村民們都以為這些白色粉末會讓村子更富饒，但是沒想到情況剛好相反，原本充滿活力的生命消失了，只有這些白色粉末還留在村子裡。」

一個可怕的故事

「就童話故事來說，最後結局感覺陰森森的，我猜姊姊喜歡恐怖故事吧？」

當我顫抖著說出這句話時，獸醫姊姊笑了笑。

「沒錯，要歸類的話，這應該算是恐怖故事。」

「可是姊姊，最後的部分不覺得有點草率嗎？因為白色粉末，小鳥死了、樹木枯萎了，這樣的結局未免太突然了吧？如果是我的話，應該會想一個比較有意思的結局。」

「說的也是，如果只是要編一個有趣的故事，那麼因為白色粉末導致村莊禍從天降的設定，確實可能會顯得很荒謬。不過，這個故事不是編出來的，而是我以童話的形式講給妳聽的真實事件。實際上，故事的關鍵就是白色粉末。」

「故事的關鍵是白色粉末？那是什麼？是白雪嗎？還是魔女做的魔粉？」

「不是啦，是化學技術製造出來的粉末，一種叫『DDT』的化學殺蟲劑。」

「殺蟲劑？」

「海琳妳不是也說了，是因為飛蟲太多才噴殺蟲劑的，對吧？但是，妳也知道殺蟲劑對人體不好，所以一看到可可倒在地上，馬上猜到是因為殺蟲劑的緣故，就趕緊送牠到動物醫院來了。」

「當然呀，我媽買菜的時候也一定會確認栽培的過程中有沒有噴農藥，說噴灑在蔬菜上的農藥成分會原封不動地累積在我們的身體裡。」

真的喔！我媽去超市買菜時，一定會先確認有機農產品標章；去傳統市場的話，只挑有被蟲子啃咬過的蔬菜。看到有被蟲子吃過的痕跡就代表幾乎沒有使用農藥，所以這種蔬菜反而更有益身體健康！

可是，真的看到蟲子時又覺得很討厭。有一次咖啡館裡出現一大群螞蟻，牠們密密麻麻地爬滿了手工餅乾。那天媽媽馬上找來除蟲業者，為了消滅蟻群真的是弄得雞飛狗跳的。像咖啡館這種販賣吃食的店鋪，最重視的就是乾淨，絕對不能容忍蟲子孳生，所以我們家有針對螞蟻、蟑螂和飛蟲等不同種類的各種

殺蟲劑。

「很多人都像海琳家一樣使用殺蟲劑消滅害蟲，但同時也知道殺蟲劑用多了不利於人體或環境，所以在使用時都非常小心，會按照用途挑選合適的藥品，適量使用。

然而，當初化學殺蟲劑剛問世的時候，大家都不知道這個東西也會危害人類和動物。而把這個事實公諸於世的人就是瑞秋・卡森，透過一本名為《寂靜的春天》的書。」

「寂靜的春天？啊，就像姊姊說的故事內容一樣，即使春天來了也聽不到鳥鳴聲，所以才叫《寂靜的春天》吧？」

「沒錯，寂靜的春天。乍聽之下似乎很有詩意，但其實是一個非常恐怖的標題。書裡也寫有和我剛才講的童話故事相似的內容。」

殺蟲劑是上天的恩賜？

獸醫姊姊開始講起有關那個白色粉末，也就是DDT的長篇故事。

「瑞秋・卡森在1962年撰寫了《寂靜的春天》這本書，也就是距離現在大約60年前吧？我們來回溯到那個時代吧。當時的人非常積極地使用殺蟲劑，尤其是DDT這種殺蟲劑用得最多。

海琳也聽過瘧疾這種病吧？這是一種藉由蚊子傳染，嚴重時甚至會死亡的疾病。而DDT好像是可以消滅瘧蚊的特效藥吧，在某些國家裡，因為有了DDT，瘧疾患者從800萬人減少到800人，效果非常

驚人。

人們是多麼地歡迎DDT的到來，因為只要撒下DDT這種白色粉末，就能完全消滅會傳播病菌、危害農作物的各種害蟲。

人們用飛機裝載了滿滿的DDT，再從天空中撒落下來。撒在因為蟲害導致農作物瀕臨枯死的農田裡、撒在森林裡、撒在江河裡，甚至撒在人們居住的村莊裡。結果藏在頭髮裡的蝨子不見了，咬得人們全身發癢的蚊子也不見了，家裡各個角落裡的蟲子也全都不見了。

人們一定以為，從天而降的DDT粉末，就像白雪一樣是上天的恩賜吧。

然而，隨著時間的流逝，開始發生奇怪的事情。

有一天，一個村莊裡的知更鳥消失了。一開始人們作夢也沒想到這是DDT造成的，因為只要不是直接吃下肚，就不會有動物或人因為DDT而死的事情發生，他們認為DDT只是一種會作用在肉眼看不見的小病菌或微小蟲子身上的粉末罷了。實際上，知更鳥也不是因為吃了DDT粉末才死掉的。

那麼，知更鳥為什麼會死掉呢？那是因為牠們的食物——蚯蚓的緣故。蚯蚓先吃了充分浸染於DDT的樹葉，知更鳥又吃下DDT中毒的蚯蚓，所以牠們都被DDT汙染了。

有些村子裡，原本游在河水裡的鱒魚翻著白肚浮在水面上死掉了。同樣的，DDT並不是直接導致鱒魚死亡的原因，這些鱒魚其實是餓死的。

為什麼會餓死呢？因為人們在河裡撒了DDT，所以那些鱒魚會吃食的水中小蟲子全部消失不見了。

不僅如此，因為殺蟲劑而減少的害蟲，過了一段時間之後，反而開始變得更多，因為牠們對殺蟲劑產生了抗藥性。於是，人們就製造毒性更強的殺蟲劑來消滅害蟲，但是一點用都沒有，因為過沒多久，又會出現即使面對毒性更強的殺蟲劑也絲毫不受影響的害蟲。最後，無論製造出毒性多強的殺蟲劑，也永遠消滅不了害蟲，只有殺蟲劑的毒性變得愈來愈強而已。

瑞秋．卡森從以前就一直在擔心大量使用殺蟲劑可能會發生的事情，所以她決定創作《寂靜的春天》這本書，告訴人們DDT殺蟲劑對這個世界所產生的不良影響。」

獸醫姊姊的故事令人感到害怕，可可也是因為殺蟲劑才倒在地上的，換句話說，化學殺蟲劑的問題到現在都還一直持續著。

透過食物鏈傳播的化學殺蟲劑

在《寂靜的春天》中知更鳥為什麼會消失，其中的問題就是出在食物鏈。起初人們為了預防荷蘭榆樹病的病菌，在樹上噴灑DDT。然而自從噴了DDT的第2年開始，知更鳥就陸續死亡，不到幾年的時間，知更鳥就全部死光了。問題的關鍵就在於蚯蚓，牠們位於樹葉與知更鳥的食物鏈中間，那些噴灑在樹葉上的DDT是透過蚯蚓，再進入知更鳥體內的。

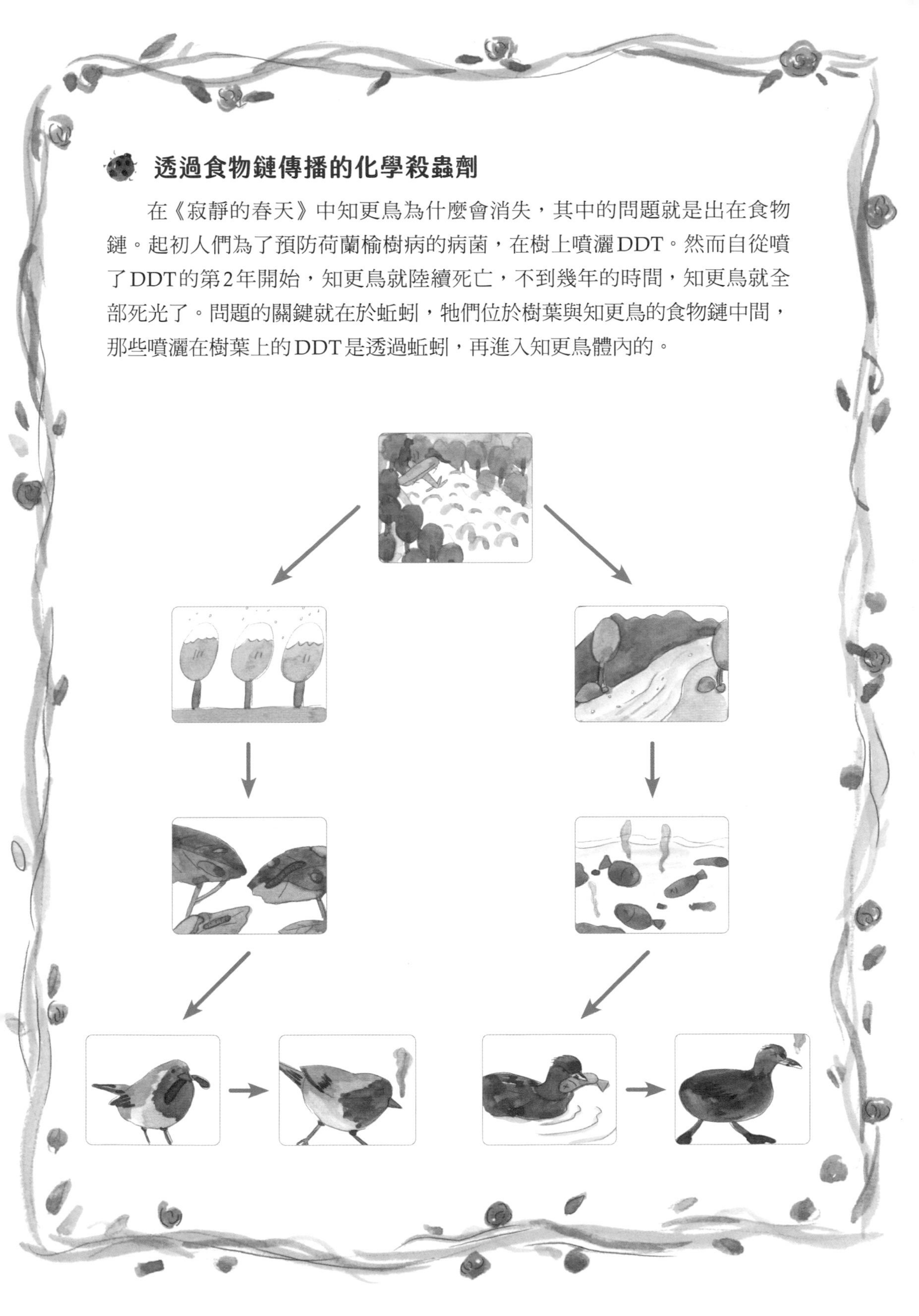

環保運動之母

「獸醫姊姊，所以瑞秋．卡森是環保運動家嗎？我在電視上看到有一個跟我差不多年紀的環保運動家姊姊。」

前幾天，我和爸爸媽媽一起吃飯的時候，看了一個環保日特輯節目。當時電視上出現一個以青少年環保運動家聞名於世的外國人姊姊，說她為了向大人們抗議環境汙染有多嚴重，所以沒有去學校上課，而是舉著標語走上街頭。

聽到「沒有去學校上課」這句話，我就說我也要成為環保運動家，媽媽便說了：

「聽說那個女孩還在聯合國發表演說，要怎麼做才能像她那樣站在全世界人的面前呢？英語要學得很好吧？」

所以在那天晚上我不得不比平時要多背了20個英文單詞。

「瑞秋．卡森甚至還寫了書，她真的是一位著名的環保運動家，對吧？」

獸醫姊姊笑咪咪地回答：

「如果瑞秋．卡森還活著，會不會成為環保運動

青少年環保運動家——格蕾塔．童貝里

格蕾塔．童貝里（Greta Thunberg）是瑞典的環保運動家。格蕾塔．童貝里從2018年，也就是她15歲的那一年秋天開始罷課，她前往國會議事大樓，舉著小小的標語板，上面寫著「為氣候罷課」，發起了環保運動。之後，隨著與童貝里志同道合的人逐漸增加，「為氣候罷課」擴大成為「為了未來的週五罷課」之大型環保運動。以此為契機，童貝里得以在2019年於聯合國總部召開的氣候行動峰會上發表演說，成為了舉世聞名的環保運動家。在2019年她不僅被提名為諾貝爾和平獎的候選人，還獲頒「瑞秋．卡森獎」。

家呢？令人遺憾的是，她在1964年，也就是《寂靜的春天》出版後的2年去世了。她在罹患癌症之後，病況很不樂觀，可是她仍然在各個領域裡竭盡心力地宣導環境汙染的嚴重性。或許正因為如此吧？瑞秋·卡森去世之後，許多讀了《寂靜的春天》一書的人都成了環保運動家，因此瑞秋·卡森也被稱為『環保運動之母』。」

居然不是環保運動家，而是環保運動之母，好像有點意思！

「那卡森是作家囉？因為她寫了《寂靜的春天》

這本書。」

「是作家呀，而且還是一位能寫出打動人心文字的卓越作家。」

「我覺得世界上最奇妙的就是寫文章的人，我一看到字就想睡覺。」

「是嗎？我小時候的夢想就是成為作家，所以才會喜歡卡森吧，因為她也是從小就立志要當作家。不對，卡森在她小時候就已經是一位作家了。」

「真的嗎？」

哇，竟然從小就是一位作家了，看來瑞秋．卡森

是一位比想像中更了不起的人物。

「嗯，大概是在海琳妳這個年紀吧？卡森投稿給當時很有名的兒童雜誌，然後她的文章就被刊登在雜誌上。」

唉唷，我還以為是什麼呢！我的朋友允芝也曾投稿到兒童雜誌過，還有一位名叫東錫的同學立志成為網路漫畫家，每天在網路上傳搞笑漫畫。我很討厭看到他不可一世的模樣，所以故意裝作不知道，但我還是會偷偷點進漫畫網站看東錫畫的漫畫，沒想到還真的很搞笑！

「看海琳的表情好像對這個不怎麼感興趣，那就講到這裡就好了。」

「不，請再多講一點！我想多了解瑞秋・卡森的事情。」

雖然我嘴裡說的是想多了解瑞秋・卡森，其實是我擔心可可，不想把牠丟在這裡就自己回家。但我也沒有說謊，因為最後我真的喜歡上了瑞秋・卡森了。

環保運動之始——《寂靜的春天》

DDT是1874年由一位奧地利科學家首次合成的。最初，DDT只是一種新的化合物，直到1939年一位名叫保羅．穆勒的科學家在DDT中發現了殺蟲的功效。事實上，DDT在消滅當時流行的瘧疾、斑疹傷寒等傳染病上功不可沒，被譽為是「上帝賜予人類最好的禮物」，保羅．穆勒甚至獲頒諾貝爾獎。

但是，瑞秋．卡森卻發現DDT不僅會消滅害蟲，還會作用在動物和人類身上。

因此，卡森花了約4年的時間親自蒐集和研究發生在世界各地的DDT受害案例，並且在1962年將研究成果——《寂靜的春天》公諸於世。

《寂靜的春天》出版之後，生產DDT的殺蟲劑業者都指責卡森說謊，猛烈地攻擊她，但人們並沒有被這些企業的手段所欺騙。也幸好有《寂靜的春天》出版，大家才終於知道殺蟲劑並不是「上帝賜予人類最好的禮物」。隔年，也就是1963年，美國甘迺迪總統成立了總統特別諮詢委員會來處理環境問題。1969年，美國國會召開聽證會，找到了DDT有可能致癌的證據。藉著這個事件，美國環境部終於在1972年全面禁止使用DDT。

直到現在，《寂靜的春天》仍被譽為是在美國等世界各地掀起環保運動的著作。

即使是現在，殺蟲劑仍然被廣泛用來消滅害蟲。

第3章
熱愛大海的瑞秋・卡森

夢想成為作家的孩子

「我想向海琳妳好好介紹我喜歡的瑞秋．卡森，要怎麼講比較好呢？比起她所創下的成就，卡森的生活可說是非常平凡。」

「但不是有那幾種常見的情況嗎？小時候窮得半死，或者是從小聰明伶俐，每次都是全校第1名；不然就是反過來，小時候每次都是倒數第1名，後來才知道是了不起的天才等等。偉人傳記裡的人不都是這樣嗎？」

「這麼一說倒是有其中的一項──貧窮吧？ 1907年出生於美國賓夕法尼亞州的卡森，小時候的家位在遠離村落的森林裡，她住在一間連電力設施都不完善的破舊小屋。」

「那就是這個囉？為了克服貧窮努力創作，最後成為百萬富翁的逆轉人生故事！」

聽完我的話，獸醫姊姊哈哈大笑。

「被妳這麼一說還真的有點類似，因為瑞秋・卡森所寫出的所有作品，最後真的全部都成為了全球性的暢銷書。」

「猜都可以猜得到。我在補習班學作文的時候，光是偉人傳記就讀了超過100本！」

「要用一句話來概括她人生的話，當然可以這麼說，但事實上可不只是這樣喔！每一個人的生活，都有自己獨特的故事。」

姊姊一臉真摯地接著說：

「卡森的家很窮，她的父親為了賺錢不得不經常離開家，母親則忙著照顧這個家。卡森雖然有哥哥、姊姊，但因為年齡差太多，在卡森還小的時候，他們因為要上學，所以沒有時間陪她玩。總而言之，卡森是個孤獨的孩子。」

我也有點明白孤獨是什麼。剛搬來這裡沒多久

的時候，我還沒去上學、也沒有交到朋友，總是待在家裡。有天我也是在2樓一邊看電視一邊吃麵包，迷迷糊糊地就睡著了。後來突然醒過來才發現天已經黑了，我很奇怪地感到胸口悶悶的，也突然很想哭，眼淚差點就掉了下來，儘管我知道爸爸、媽媽很快就會從市場回來了。

「爸媽不在家的時候，我也有種被獨自留在這世上的感覺。那個時候，要不是還能聽到窗外的海浪聲，不然我一定會嚎啕大哭。」

從那天以後，如果在家中被媽媽責備或在學校發生讓我感到傷心的事情，晚上我就會坐在窗戶旁邊聽著海浪的聲音，那樣一來我起伏的心情就會慢慢平靜下來。

「瑞秋．卡森也一樣。如果說是海浪的聲音撫慰了海琳妳的孤獨，那麼撫慰瑞秋．卡森孤獨的就是森林了。整天倘佯在森林裡，欣賞著花木和森林裡的動物，就是瑞秋．卡森的遊戲。對卡森來說，森林是快樂的遊樂園，也是平靜的休息空間，母親也會一一告訴卡森野花和動物的名字。卡森的母親也是一位愛好大自然的人。」

果然偉人的父母就是與眾不同。我媽和我爸到現在上市場買魚的時候，還會問「這魚叫什麼？」真令人懷疑我爸到底是不是在海邊長大的。

「瑞秋・卡森長大以後成了一位安靜、害羞的少女，純樸、親切的個性也跟她的母親一模一樣，就連喜歡看書這一點也可能是受到了母親的影響。卡森的母親從她2歲的時候就開始讀書給她聽，等卡森會認字以後，就由卡森來讀給母親聽。」

對於這部分我無可狡辯，雖然我媽在我小時候也讀了很多繪本給我聽。但果然，要成為偉人還是得靠遺傳的吧？

「開始上學以後，卡森的成績也非常好，這點也有可能符合海琳妳所說成為偉人的條件，每次的成績都是全校第1名喔！哈哈哈，這麼說來，卡森也應該是那一類的孩子吧——成績好、和同學相處融洽的資優生。」

啊，資優生，一個跟我完全不相配的名詞。

「在瑞秋十多歲時的那個年代和現在不一樣，大部分的女孩高中一畢業就會結婚或是開始工作，很少有上大學繼續念書的女孩。卡森的家境不好，所以工作似乎就是她理所當然的下一步。但是瑞秋・卡森在母親的全力支持下進入了大學，她也決心要成為一名作家。然而在大學裡發生了某個事件，顛覆了瑞秋・卡森的人生。」

哇，事件終於要開始了嗎？好緊張喔！

我要成為科學家

「卡森進入大學以後比任何人都認真學習，不僅研究她喜愛的詩人作品，還自己寫詩，因此也受到了許多稱讚。然後，卡森的人生出現了決定性的變化，她上了生物學課，並且愛上這門課。

過去，她一直認為讀書寫字是最幸福的事了，但生物學為她開啟了另一個世界。所以她再三思慮之後終於下定決心，她要成為研究生物學的科學家，而不是作家。」

「這該不會就是撼動卡森人生的重要事件吧？這種逆轉比想像中來得微不足道耶！」

「因為她憑著一個從小立志成為作家的夢想一直

堅持到現在，卻突然決定走上科學家的道路，這種程度還不算大逆轉嗎？哈哈！」

是嗎？我的夢想早就不知道改變過多少次了。幼稚園時候的我，以後想當老師；小學一年級的時候，我想成為歌手；看到金妍兒選手的比賽時，我想成為花式滑冰選手；後來白種元叔叔出現之後，我馬上又說要當廚師，還把廚房弄得一團糟。

「但最後卡森還不是沒有成為科學家，而是成了作家不是嗎？她出了自己的書。」

「像瑞秋‧卡森這種模範生怎麼可能會荒廢學業呢？卡森當然成了科學家，因為她一直不停地研究、非常認真地學習，最後成了研究海洋和海洋生物的海洋生物學家。」

「那她是怎麼成為暢銷書作者的呢？」

「因為卡森是一位能力非凡的科學家呀！她成為了科學家之後，秉持深入調查、堅持研究的原則，才得以實現作家的夢想。」

這又是哪門子的逆轉呀？看到我歪著頭一臉不解的樣子，獸醫姊姊問：

「海琳，妳覺得是教科書比較有趣呢？還是故事書比較有趣？」

「當然是故事書，教科書死板又無聊。」

姊姊又問：

「那故事書為什麼有趣？」

「嗯，這個嘛……，因為主角很棒？主角會出發去冒險、解決案件，讓人看得津津有味，所以會覺得很有趣。」

姊姊點點頭說：

「瑞秋・卡森大概也是這麼想的吧。卡森對於海洋和海洋生物的研究愈深入，就愈感到大自然是一個神祕又美麗的世界，充滿妙趣橫生的故事。所以她想把過去所學到的知識傳達給大家。但是妳想想，這些內容如果用教科書式的句子來寫的話會怎樣？光是科

學知識就讓人感到陌生和困難，如果連句子都像學術書籍的文章一樣死板的話呢？一定會又難懂又無聊，沒有人想閱讀吧？所以瑞秋・卡森就想呀，雖然是一本科學書籍，但要盡量寫成像小說一樣有趣，主角就是海洋，出場人物是海洋生物，故事就是發生在大海裡的所有事情！」

大藍海洋

獸醫姊姊說：

「瑞秋·卡森寫了3本關於海洋的書，分別是《海風下》、《大藍海洋》跟《海之濱》，這些書名也充滿了詩意對吧？那我們就來聊聊其中的第2本書《大藍海洋》吧？

這本書是以『地球的母親——海洋』作為開始的。妳知道地球最早的生命是誕生於海洋的嗎？

瑞秋·卡森在第1章的開頭，就解釋了被稱作生命之母的海洋是如何出現的。我們可以根據古老的岩石或是月球表面遺留下來的證據等等資料，來推測大海的年齡。

瑞秋・卡森看待海洋的方式，似乎是先以科學家的角度觀察一輪之後，再以詩人的眼光重新觀賞一遍。譬如，海琳妳也知道海水有起伏漲落的漲潮和退潮吧？如果先以科學家的角度來看的話，漲潮和退潮都只是月球引力一天2次吸引海水，因此而造成的自然現象罷了。但是如果改用詩人的眼光再看一次的話呢？大概會覺得在粼粼月光下海水一點點上升的景象充滿神祕氣息吧。

瑞秋・卡森就像這樣用抒情的句子，來傳達有關

海洋的正確科學知識，讓人對此產生唯美的感覺，也告訴了我們大海是如何誕生的，以及從微小的浮游生物到巨大的抹香鯨等海洋中所有的生命體，是如何在大海這個生命樂園中生存的。」

獸醫姊姊饒富趣味地讀了一段書中關於抹香鯨和大王烏賊的部分。抹香鯨捕食深海裡的大王烏賊以求生存，抹香鯨雖然很巨大，但大王烏賊應該也很巨大吧。閱讀卡森的書，會不自覺地在腦海中栩栩如生地浮現這麼巨大的2種生物，以海洋為背景展開殊死決鬥的景象。

「據說瑞秋・卡森為了寫這本書，生平第一次潛水。她戴著鐵製潛水頭盔並緊緊綁上沉甸甸的鉛塊，潛到海底觀察著海底世界。當時很少有船隻願意搭載女人，因為那個時代還存在女人上船會有壞事發生的荒謬迷信。

但是卡森還是上了船，一邊吃著暈船藥，一邊研究浮游生物、觀察魚類。因為身為科學家，就必須蒐集和研究資料來進行正確的分析。

她應該就是先這麼研究之後，再以詩人的心情寫

作的吧。卡森寫書是出了名的慢工出細活，但這也是不得已的，畢竟要深入淺出地將專業知識解釋得讓一般人可以理解，這件事情本身就很困難，何況卡森為了讓讀者們可以充分感受到大海的美麗，可說到了字斟句酌的地步。

多虧了瑞秋・卡森的努力，這本書一出版就獲得了巨大的迴響。不僅登上暢銷書榜，漁夫、家庭主婦、學生、科學家等不同階層的人讀了這本書之後，紛紛寄了感謝函給卡森。

信裡說到，感謝卡森的這本書，讓自己可以擺脫人類世界所帶來的問題和壓力，回歸自然、享受解脫的快感。

對於人們的說法，卡森是這樣回答的：

『人們之所以從我的書裡感受到解脫的快感，是因為過去我們一直透過錯誤的望遠鏡一端來觀看世界。如果我們能夠擺正望遠鏡，好好看清人類世界的話，就會少做一些毀滅自我的事情。』」

瑞秋·卡森的海洋三部曲

瑞秋·卡森共寫了3本有關海洋的書，1941年的《海風下》、1951年的《大藍海洋》，以及最後一本1955年的《海之濱》。

卡森透過海洋三部曲深入淺出的說明，讓讀者們至少能對科學領域裡的海洋知識能有充分的理解。

當第1本書《海風下》出版時，雖然深獲書評家的讚賞，但銷售狀況卻相當慘澹。因為當時美國被捲入了第二次世界大戰的漩渦中。

而當10年後《大藍海洋》出版時，世界已經有了翻天覆地的變化。那時第二次世界大戰結束，人們對戰爭感到厭倦，卡森的《大藍海洋》一書便感動了身心俱疲的人們，催生了人們「若要拯救被人類以開發之名大肆汙染的環境和因戰爭遭到破壞的世界，就要愛護海洋和大自然」的想法。《大藍海洋》大獲成功，瑞秋·卡森也成為了暢銷書作家。

海洋三部曲的最後一部《海之濱》也占據了暢銷書榜席次將近半年。人們閱讀瑞秋·卡森海洋三部曲的同時，也意識到必須停止破壞環境，尋找與自然共存的方法。

美國麻薩諸塞州一座公園裡的瑞秋·卡森銅像。

我們帶給大海的東西

「望遠鏡？毀滅自我？」

這又是什麼意思？謎題嗎？於是獸醫姊姊又再一一說明給我聽。

「《大藍海洋》的最後一章說的是人類和環繞著人類的大海。大海帶給人類豐富的資源，那給的是什麼呢？」

「魚呀！」

「沒錯，我們從海洋獲取食物。還有呢？」

「鹽！」

「嗯，海水晒乾之後就可以得到鹽，沒錯。還有呢？」

「唔……，玩水？」

「是呀，炎熱的夏天去海裡游泳，既歡樂又涼快。還有呢？」

「還有什麼呀？我爸媽的笑容？來看海的遊客會

在我家的咖啡館買杯咖啡外帶。」

「哈哈哈，說的沒錯！大海裡生活著許多我們可以吃的海藻、蛤蜊和魚，還有許多譬如金、銀、石油、煤炭等礦物資源。另外，海洋也是地球溫度的調節裝置，隨著海水的流動，均勻地傳輸冷氣和暖氣，使地球不至於太熱或太冷。」

「哇，姊姊比我們學校的老師更聰明！」

「是瑞秋・卡森告訴我的，書裡面都有寫。這本書裡還寫了另一件重要的事情。」

「是什麼？」

「相反地，人類帶給了大海什麼東西？」

「人類帶給大海的東西？」

這絕對是謎題沒錯，我絞盡腦汁想了又想，卻什麼都想不出來。

「就是丟棄在海水裡的廢棄物。」

什麼！竟然是廢棄物？

「瑞秋・卡森出版這本書的修訂版時，在序言中又補充了海洋汙染問題，表示人們正將造成汙染的核廢料倒入海水中，並對此提出了警告。有些人認為，

新圍巾
纏得太緊了。
我們不得不
綁在一起
走路。
兩人三腳……
這是我今天
捕到的東西！
這東西
不能吃！
幹嘛捲著
棉花棒？
難怪覺得
身體好沉重。

海洋又寬又深，倒一些垃圾也不是什麼大問題。但事實並非如此！一旦汙染了海洋，那些受到汙染的物質就會被海洋生物吃下去，而我們人類又會把那些海洋生物吃下肚。結果，傾倒在大海裡的垃圾最後的終點，其實就是我們人類，這就是一種人類毀滅自我的行為。」

「就像DDT的情況一樣？」

「是的，『擺正望遠鏡，好好看清人類世界』應該就是這個意思。仔細觀察的話，很快就會發現，人類為了生活方便所做的許多事情，實際上是在毀滅人類自己。」

獸醫姊姊喝了一口冷掉的熱可可，微微皺了一下眉頭。

「《大藍海洋》出版後一下子登上了暢銷書榜，卡森的書籍終於得到世人的認同，也獲頒許多獎項，接到來自讀者們的大量信函。最重要的是，瑞秋．卡森的經濟情況有了很大的改善。卡森成年之後為了負擔家中生計，在經濟上顯得十分拮据。不過現在有了來自書籍的收入和在雜誌寫稿的稿費就足以讓一家人好好過日子。從那時候起，卡森終於開始了她夢寐以求的生活。」

「她夢寐以求的生活？搬到豪宅去？搭飛機環遊世界？還是每天享用美食？」

當我一說完這整串話，獸醫姊姊又笑了起來。其實我不是愛搞笑的人，這都是我經過深思熟慮才說出來的。

「卡森對這些方面並不感興趣，收入穩定之後，卡森做的第1件事情，就是在鄉下海邊蓋一棟小木屋，這樣一來不但可以經常接觸到大海，也可以專心於寫作上。」

「這個決定果然很像瑞秋・卡森的行事風格耶，獸醫姊姊！」

「我也這麼覺得。卡森住在海邊小木屋的期間寫了第3本書《海之濱》。讀了《海之濱》，就可以了解地球上無數的生命體彼此之間是如何和諧相處的。舉例來說，海琳妳知道海螺吧？」

「知道呀，別看我這樣，我可是生活在海邊的少女喔！」

「那妳走在海邊時撿過海螺殼吧？看到那種外殼一定會說『這是海螺耶！』吧？」

「對呀！因為我知道海螺長什麼樣子。」

「卡森說光是這樣還不夠，想真正地了解海螺，那麼這隻海螺是如何克服驚濤駭浪和狂風暴雨而存活下來的？這隻海螺的食物是什麼？有沒有其他生物和這隻海螺互助共生？海螺如何誕生和扶養下一代？最後，這隻海螺和大海之間的關係……等等，唯有掌握了這一切，才算真正了解海螺。」

「哇，這樣的態度真不愧是科學家！」

我誇張地晃了晃腦袋，想逗獸醫姊姊笑。但是這次姊姊沒有笑，反而非常認真地說：

「海琳，妳也不會只知道一個人的名字就把他當成推心置腹的朋友吧。一定是一邊了解這個人的性格怎麼樣，他喜歡什麼、討厭什麼，有沒有什麼夢想，兩個人是不是可以談得來，再一邊萌生出友情的，不是嗎？」

「是呀，我跟好朋友允芝就是這麼認識的。」

「很好。我覺得卡森想透過《海之濱》這本書來

告訴我們這種關係的建立，告訴我們地球上有數不清的無數生物，這些生物彼此之間存在著緊密和複雜的關係。最重要的一點是，任何生物都無法單獨生存，就像海琳和允芝，或者海琳和可可！」

「喵！」在這時從病房的方向傳來一聲貓的低沉叫聲。

「可可！」

我從座位上跳了起來，打開病房的門。可可終於醒過來了。

「你還好嗎，可可？」

可可一臉不情願地看著我，又「喵！」的叫了一聲。真不愧是可可，明明牠是第1次住院，就好像已經習慣醫院了似地躺成大字形，不過現在這樣子一點也不令人討厭。幸好你沒事，可可！謝謝你活下來了，可可！

令人驚奇的大自然

那天晚上，我睡不著覺。如果你問是不是被爸爸、媽媽罵了？不是！其實回家的時候，我的心裡有點忐忑不安，以為爸媽會把我臭罵一頓，因為是我讓可可受到傷害。

但媽媽卻深深地自責，甚至哽咽地說，都是她因為有飛蟲而念我、叫我去清理才會變成這樣的，所以我和媽媽兩個人又抱在一起哭了好一陣子。果然，愛哭也是會遺傳的。

爸爸也說，讓我一個人帶可可去醫院，他感到很抱歉，幸好可可活下來了。「幸好」這2個字，他說了不下十遍；打電話到動物醫院道謝時，又說了不下

十遍。

我坐在窗邊眺望大海，海水在路燈的照耀下散發粼粼的波光。

卡森說她喜歡夜晚的大海，每當夜幕降臨，她經常到海邊去散步。這時候一些不常在白天看到的夜行性生物就會悄悄露臉，而卡森就會拿出手冊，仔細地記錄下夜行性生物的外貌和行為。

獸醫姊姊說過，卡森對大海的研究愈深入，就愈懂得感謝大自然。

「卡森在寫作的過程中，自然而然地開始思考生命共同體的意義。雖然有人說人類是地球的主人，但人類其實只是地球上眾多的生命體之一，與所有的生物一起構成一個巨大的生命共同體。看到人類肆意浪費自然資源，試圖破壞生命共同體，是多麼地讓人感到沮喪和痛心呀！」

獸醫姊姊說，她因為讀了卡森的書，才得以通過卡森的視角重新審視大自然。

「從那之後，我開始以不同的方式看待大自然。以前我也很喜歡森林或大海，但也只是喜歡而已。原本以為自然一直都在那裡，也不過就是一個休閒空間吧？當我們在城市裡過著便利的生活，自然就像是一個偶爾想休息時就可以去造訪的地方。但現在我也知道了，即使是一枝草、一棵樹、一群小螞蟻，還有像可可這樣的流浪貓，都和我息息相關，都是珍貴和值得感恩的存在。所以我才會來到這個海邊小鎮，我想天天接觸大自然，與大自然生活在一起。」

獸醫姊姊說，凡是認識到自然奧妙的人，都會用心地看待自然和每一條生命，久而久之愛心泉湧，自然就會成為一名環保運動人士。姊姊說，是瑞秋．卡森教會了她這個簡單的道理。

今天大海的波浪聲聽起來格外親切，因為我終於知道，那片大海裡有無數生命體與我一同呼吸、一同生活。

第4章
我是海洋森林環保運動家

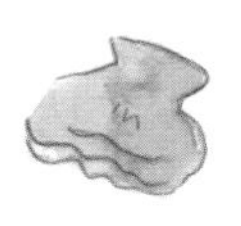

獸醫姊姊的禮物

「媽媽，要遲到了，快點！」

我在門外大喊著。

「獸醫姊姊叫我們10點過去接可可的。」

「再烤一下就好，一下下！」

一早起床就接到獸醫姊姊發來的好消息，說可可今天可以出院了。於是媽媽就說要烤餅乾送給獸醫姊姊，一陣手忙腳亂之後，我們終於勉強趕在約定時間前抵達動物醫院。

媽媽一見到獸醫姊姊就連忙不斷地道歉，姊姊擺擺手說沒關係。

「幸好海琳迅速判斷情況就送過來，才能順利地完成治療。海琳，等一下喔，我去把可可帶出來。」

沒多久，獸醫姊姊就抱著可可從病房裡走出來。

「可可！」

懷著喜悅的心情，我不自覺地張開雙臂跑向可可，腦海中想像著可可被我抱在懷裡搖來搖去的乖巧樣子。

但是當我一靠近，可可突然就一個轉身，從獸醫姊姊的懷裡跳了出來，一溜煙地跑到動物醫院的門外

去了。

「可可！可可！」

我追在可可身後跑到外面一看，可可已經消失地無影無蹤，整個過程僅僅發生在一瞬間。

「哈哈哈，沒關係！看牠動作那麼敏捷，應該都好了吧。」

獸醫姊姊站在門邊笑著說。

「牠就這樣直接跑到街上去也不要緊嗎？我還想要不要這段時間先把牠養在家裡，妳看我連籠子都帶來了。」

聽了媽媽的話，獸醫姊姊回答說不用擔心。

「流浪貓有自己的生活方式，可可很健壯，牠一定會過得很好。不過，當可可出現在您的咖啡館時，再請您多多留意。」

聽到這裡我猛然舉起手說：

「我會好好注意的！」

後來，媽媽又和獸醫姊姊聊了老半天，從哪家店商品物美價廉開始，一直聊到離開大城市來到陌生的海邊生活有多麼不容易。這裡是爸爸的故鄉，但媽媽在這裡連一個認識的人都沒有，所以媽媽真的很高興，說終於有了一個可以聊天的朋友。

當我們要回家的時候，獸醫姊姊送給我一本書。

「昨天整理房間的時候，找到了這本書，希望海琳能讀一讀。」

原本我一直覺得拿書當禮物是世界上最沒意思的事情，但只有這次不一樣，因為寫這本書的人正是「瑞秋・卡森」。

「別的書，對海琳來說可能還無法理解，但我覺得這本書應該可以。」

「謝謝姊姊，我一回到家就會讀的。」

這本獸醫姊姊送給我的書，書名是《驚奇之心：瑞秋・卡森的自然體驗》。

用驚奇的眼光看待大自然

《驚奇之心》是一本將卡森奶奶為雜誌撰寫的文章集結而成的書。為什麼我突然稱呼瑞秋・卡森為奶奶呢？就是因為我讀了《驚奇之心》。這本書裡描述上了年紀的瑞秋・卡森和外甥女的小兒子一起體驗大自然的內容。

卡森雖然一生未婚，但她代替早已離世的外甥女扶養其子羅傑，視他如親孫子一般。我一邊看書，一邊在腦海裡想像和小羅傑一起倘佯在海邊的瑞秋・卡森，不知不覺間我自己對卡森的印象也變成一位「奶奶」了。

據說這本書最早在雜誌上刊載時的標題是「幫助

你的子女在大自然中感受驚奇」，因此這本書包含了卡森奶奶希望父母在一旁幫助孩子從小接觸大自然的心意。

卡森奶奶說，孩子天生就懂得認識自然之美，很容易感到驚奇、很容易心情激動、很容易心生喜愛！我好像也是這樣子的，至少在我上幼稚園的時候，看到花花綠綠的瓢蟲就會打從心裡感到非常驚奇，還覺得那是世界上最美的東西；然而長大以後，人們就會慢慢失去單純地感到驚奇和喜歡的本能。即使是我，如今看到瓢蟲也不會像從前那般感到驚奇了，但這並不代表我已經長大了。

卡森奶奶說，如果世上有一個會保護孩子的善良仙子的話，她一定會這麼拜託仙子：「讓所有孩子在看到大自然時，始終保有驚奇之心吧。」

反過來，如果是一個始終懷抱驚奇之心看待大自然的孩子，那麼這樣一來孩子也可以變成善良的小仙子來幫助大人，讓大人能夠再次體驗大自然的美好。

基於這個意義，我讀完這本書之後做的第一件事情，就是逼迫，不，是推薦爸爸、媽媽閱讀這本書。

我希望媽媽讀完這本書之後能深受感動！所以我祈禱「請讓我媽領悟在海邊散步比背英文單詞更重要」。

然而，真正受到感動的人是我爸爸，因為我爸小時候也是一名海濱少年。他說，這本書讓他想起當年在海裡游泳時，驚奇地觀賞海中生物的那段少年時光，所以他的心久違地受到了觸動。

也因此，我家書架上才多了一整排厚厚的植物圖鑑和動物圖鑑。我打算從今以後，不管是一朵我曾經稱讚過開得很美的野花，或者是一條以前只懂得開心大快朵頤的鮮魚，我都不能隨便放過，一定要好好把握機會認識它們。

我們都是環保運動家

「哎呀，原來泰安漏油事件這麼嚴重呀！」

一大清早就聽到媽媽的大嗓門響徹咖啡館。

「海琳呀，妳看看這個。妳還記得不久前我們一起看的新聞報導嗎，地中海發生的漏油事件，黑漆漆的石油傾洩到大海裡面，不是還說有很多綠蠵龜吃到石油而死掉了嗎？」

「嗯，爸爸、媽媽和我都很氣呀，綠蠵龜是瀕臨絕種動物呢！」

「韓國也有過類似的事件，這裡說是發生在2007年，我們家海琳出生前的事情吶！一艘滿載石油的油輪在泰安附近的海域上遭到破壞，整個海面上都覆蓋了一層黑漆漆的石油，雖然這樣講不太好，但是真的很壯觀。那時候不只是泰安的村民們，還有來自全國各地的志工都非常積極地在清理石油。妳爸也去了，他還心痛地說，因為這件事情就發生在海上，所以他不能袖手旁觀。看到地中海漏油事件，我想起了這個事件，就查了一下，才知道被汙染的泰安海域生態系統花了十多年的時間才恢復原狀。」

我媽最近比我更熱中於環保運動。

「媽媽以前不太了解，也不感興趣，但現在既然

了解了，就覺得應該做點什麼吧？」

自從媽媽對環保運動有了認識之後，我們家就徹底改變了。家裡全部改用環保用品，無論是洗衣、打掃或洗碗，清潔劑一定都是小蘇打粉和檸檬酸之類的環保洗劑。買菜的時候也不用塑膠袋，而是使用拼布環保袋或是自備保鮮盒盛裝食物。以前，爸爸媽媽喜歡吃魚，但因為討厭魚腥味，一定會戴薄膜手套處理；但現在出於對環境的考量，我們家就決定不再使用薄膜手套之類的塑膠物質。

然而，很神奇的是，每天還是會產生塑膠垃圾。即使只是買一包零食、買一瓶飲料，馬上就會產生塑膠垃圾，幸好罐頭和塑膠瓶可以再回收使用。對了，我是家中負責回收廢棄物的人！不過這比我想像的還要難，因為必須先清理掉異物，就連貼在瓶身上的標籤也要撕下來。即使如此，我也打算盡力而為。因為這麼做，我們的子孫才能在地球上長長久久地生活下去，總不能讓地球被垃圾覆蓋掉吧。

我們將咖啡館裡每天產生的咖啡豆豆渣回收當成除臭劑使用，也會分送給客人們。店裡也會提供折扣

純淨水
清涼啤酒
香脆餅乾
MENU
自備環保杯
享有折扣。
謝謝！
有需要的人
請自行取用。

給不使用塑膠吸管、自備環保杯的客人。這些都是我出的主意，只要找一找，其實生活中多的是可以實踐環保的方法。

環保運動還有一個優點，那就是只要想到所有東西都會變成垃圾，就會減少購買非必要物品的機會。我就像這樣經常把零用錢存起來，慢慢地愈存愈多，打算在冬天到來之前，給可可和其他流浪貓打造一個溫暖舒適的家。我自己看自己，都覺得尹海琳真是個乖巧懂事的女孩。卡森奶奶看到的話，一定會對我讚不絕口吧？嘻嘻。

層出不窮的海洋汙染事故

韓國也曾經發生過威脅海洋生態系統的重大事故。2007年12月7日位於韓國中部的忠清南道泰安海域發生了一起油輪遭到海上起重機撞擊導致原油外漏的事故。這起事故不僅汙染了海洋、造成海洋生物受害，也使得周圍養殖場的牡蠣、海藻、蛤蜊等魚貝類生物幾乎全部死亡。當地以此維持生計的居民們也蒙受了嚴重的損失。超過130萬名的志工來到泰安，努力地清理厚重的浮油，然而海洋一旦被汙染是很難恢復原狀的。

2011年3月11日，日本福島因地震引發海嘯，導致核電廠放射性物質外洩。這起事件不僅造成福島地區遭到嚴重的核輻射汙染，甚至連海洋生物也因為流入大海的放射性廢棄物而慘遭汙染。令人遺憾的是，放射性廢棄物的問題仍一直持續到現在。

一隻海洋生物全身被外漏到大海的原油覆蓋。

拿著網袋的女孩

今天是星期天，也是我最忙的一天。如果你問我是因為週末客人很多的緣故嗎？不是，是因為今天有其他重要的事情要做。今天是海洋森林守衛隊出動的日子！什麼時候從海洋咖啡館的管家變成了海洋森林守衛？不是啦，咖啡館管家是咖啡館管家，我還繼續在做呢。不久前，我和爸爸的零用錢協商，不，是工資協商也談成功了，結果還不錯。

海洋森林守衛隊是我成立的環保運動團體名稱，一個守護我家附近的海洋和森林的組織！隊員有我、媽媽、動物醫院的獸醫姊姊，還有我的死黨允芝。雖然目前隊員還很少，但我們一直持續在招募中，如果你也有意願參加的話，請告訴我。

我們做的事情很單純，每個星期天下午會聚在一起，在海邊一面散步、一面撿垃圾，直到太陽下山為止。但是，在撿垃圾的過程中所感受到的事物卻沒有那麼單純。垃圾撿多了就會發現，雖然人們丟棄在沙灘上的垃圾很多，但從海裡被沖上岸邊的垃圾也不容小覷，甚至可說到了狀況嚴峻的程度。有不少流浪貓會把被海浪沖上岸的腐敗垃圾當成海鮮吃了下去，結果就是拉肚子了。

剛開始時，這項任務並不那麼容易，我和允芝像在比賽似地拚命撿垃圾，結果腰也痛、手臂也又痠又麻的，還經常因為垃圾太多而生氣，為什麼人們要隨地亂丟垃圾呢！

然而，獸醫姊姊卻告訴我們，不要急、慢慢來，要長期堅持下去，所以就盡量抱著愉快的心情去做。

可可也過得很好！牠還是老樣子，總是慢悠悠地在附近逛來逛去。每次只要我打掃完，牠就像有預知能力般跑進來，把咖啡館裡面弄得到處都是沙子，而且也跟以前一樣，都把吃剩的食物殘渣丟在後院。即

使如此，我也不再使用化學殺蟲劑，而是改用肉桂粉製成的天然殺蟲劑來取代有害身體的化學殺蟲劑。雖然效果稍微差了一點，但只要多打掃幾次就行。

我真的該出門了，今天除了要帶撿垃圾的長夾和裝垃圾的網袋，還要帶一個放大鏡。卡森奶奶說，有些東西因為太熟悉了，一不留意就會錯過，所以要用放大鏡再次觀察，那麼我們就能看到之前沒能看見的東西。只要有一個放大鏡，就能開啟另一個世界。

所以今天我要像卡森奶奶說的，拿著放大鏡東瞧瞧西看看，觀察沙粒，也找找小生物。

好，準備完畢。

出發！

聰明學習

環境和生態界

各種生物共存的生態界

在水裡、地底或地上等地球上的各種場所，所有生物都與其他的生物共同生存著。生物與其他生物，以及和陽光、溫度、水、土壤、空氣等非生物因素彼此互助、互相影響的狀況，就被稱為生態系統。地球上所有的生物都可以分為生產者、消費者和分解者。

- **生產者：** 植物可以自行獲得營養。像這一類自己就可以製造生存所需之營養的生物，被稱為「生產者」。
- **消費者：** 蚱蜢、青蛙、蛇、山豬等無法自行製造營養，必須攝取作為食物的其他植物或動物來維生。像這種從植物或其他動物身上獲取生存時必要營養的生物，被稱為「消費者」。
- **分解者：** 黴菌或細菌等靠著分解生物的屍體或排泄物生存，這些微生物就被稱為「分解者」。

環繞生物的非生物因素

陽光、水、空氣、溫度、土壤等會影響作為生產者的植物製造營養，以及作為消費者的動物之生存。例如作為消費者的蚱蜢會吃草以獲得生存時必要的營養、作為消費者的青蛙會吃蚱蜢以獲得生存時必要的營養。而蚱蜢和青蛙的排泄物與屍體，就由作為分解者的黴菌或細菌分解後回歸土壤。然後，作為生產者的植物又從那塊土壤中萌芽生長。就像這樣，構成生態系統的因素會相互影響。

- **陽光：**陽光會影響生物的生長和生活，尤其是植物在製造營養時，更是需要陽光。
- **水：**這是生物生存所不可或缺的物質。植物經由根部吸收水分，而動物則會自主攝取水分。
- **空氣：**植物吸收二氧化碳、排出氧氣；動物吸收氧氣、排出二氧化碳。空氣是植物和動物呼吸以及生存上的重要物質。
- **溫度：**溫度對生物生存時也有著重要影響。溫度太低或太高的話，植物和動物就無法好好地生存。
- **土壤：**土壤是生物生存的基礎，植物從土壤中獲取製造營養時所需要的水分和養分。

構成生態系統的生態金字塔

生產者、消費者和分解者彼此是一種「吃」與「被吃」的關係。這種關係如果連接在一起，就稱為「食物鏈」；如果是幾條食物鏈交織在一起，就稱為「食物網」。

在這種情況下，以植物（生產者）為食物的草食性動物是一級（初級）消費者，以一級消費者為食物的肉食性動物是二級（次級）消費者，最後一個階級的消費者則稱為最高級消費者。如果按照這樣的食物鏈計算生物的種類和數量的話，就會形成愈高階數值愈少的金字塔型態，這就稱為生態金字塔（或生態塔）。

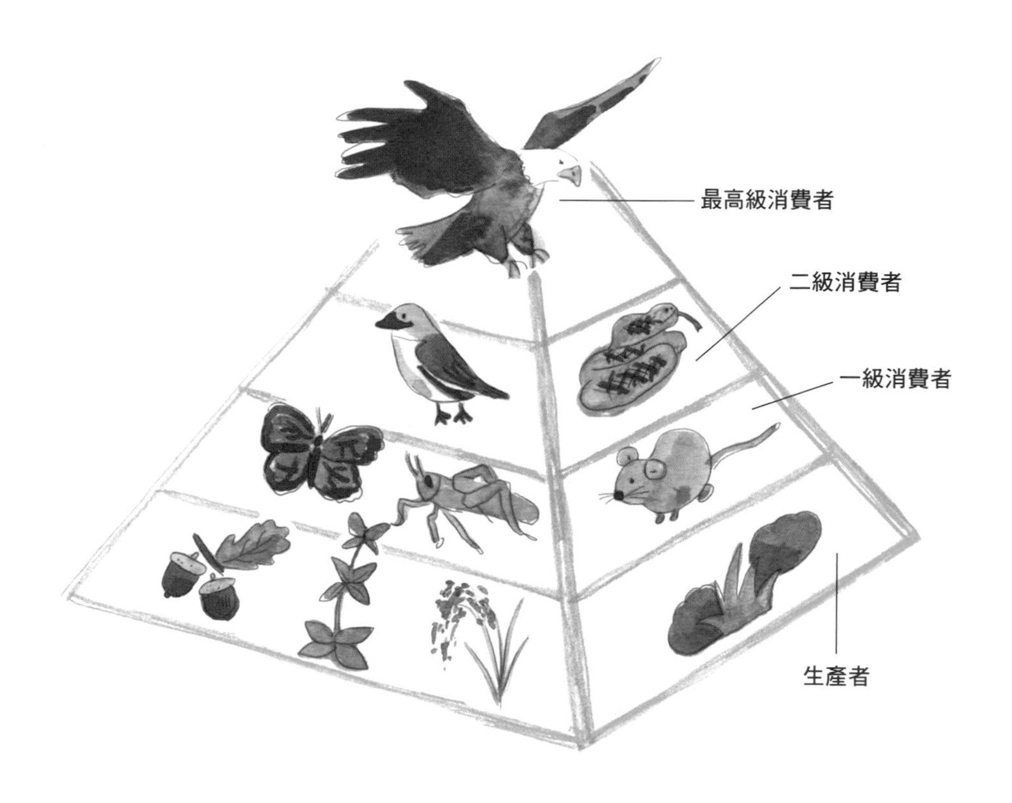

食物鏈

生物之間彼此「吃」與「被吃」的關係形成了一條長鏈，因此稱之為「食物鏈」。

食物網

食物鏈的構成並非只朝著單一方向，在大多數的情況下，無數食物鏈會交織在一起形成網狀結構，這被稱為「食物網」。

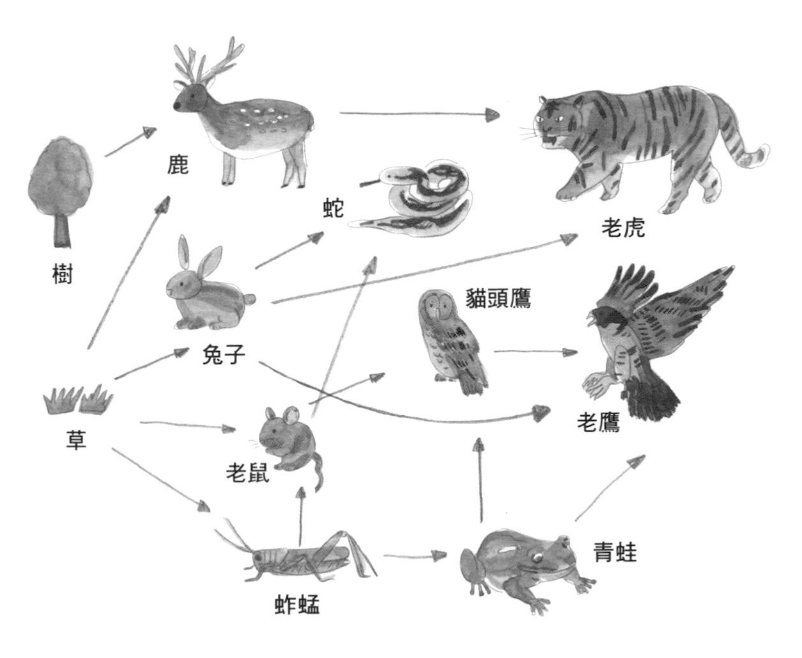

威脅人類的環境汙染

人類為了自身的開發，成了破壞自然、汙染環境的原因，而這樣的結果又形成了威脅人類生命的嚴重問題。

・懸浮微粒

懸浮微粒是指直徑小於10微米（1微米＝千分之一公釐）以下的灰塵。懸浮微粒主要是燃燒煤炭和石油等化石燃料時排放出來的。在懸浮微粒中也有粒子更小的灰塵，稱為細懸浮微粒，這是被排放到大氣中的氣態汙染物質聚集在一起所形成的。長時間暴露在懸浮微粒中的話，不僅容易引發氣喘、支氣管炎等呼吸道疾病，還會降低免疫力，對心血管和皮膚產生不良的影響。

・人畜共通傳染病

人畜共通傳染病是指動物和人類都會被感染的疾病，SARS、MERS、COVID-19（新冠肺炎）、猴痘等都是人畜共通傳染病。眾所周知，這些傳染病全是由野生動物所傳播：SARS是由蝙蝠和果子狸、MERS是由蝙蝠和駱駝、COVID-19是由蝙蝠和穿山甲，而猴痘則是由猴子傳播的。科學家們表示，這是因為野生動物的棲息地因環境汙染和人類盲目地開發而遭到破壞，導致愈來愈多的野生動物逐漸往人類居住的地區移動，這也意味著人類被野生動物體內的病毒感染的可能性將大幅增加。

蘿蔔種子發芽實驗

通過實驗來了解，生活中常用的合成洗劑會對生物造成什麼樣的影響。

・**準備物品**：蘿蔔種子、培養皿2個、脫脂棉花、水、合成洗劑溶液、滴管、標籤、筆

・**實驗過程**

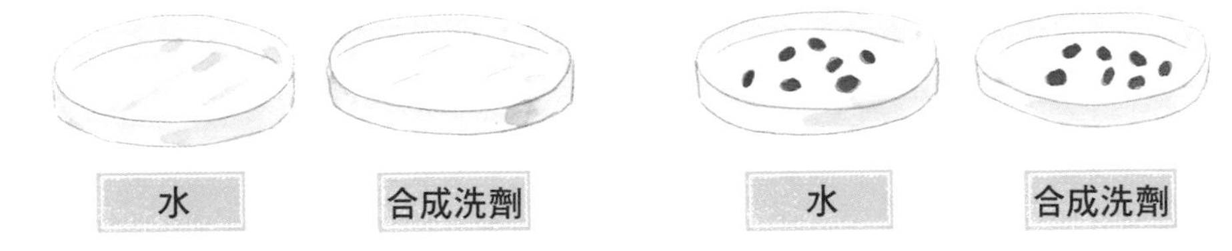

①將脫脂棉花鋪在2個培養皿中，再用滴管將水和合成洗劑溶液分別滴進培養皿中，並貼上標籤。

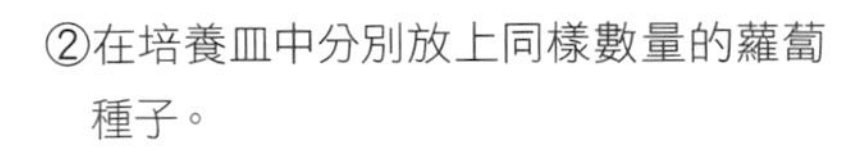

②在培養皿中分別放上同樣數量的蘿蔔種子。

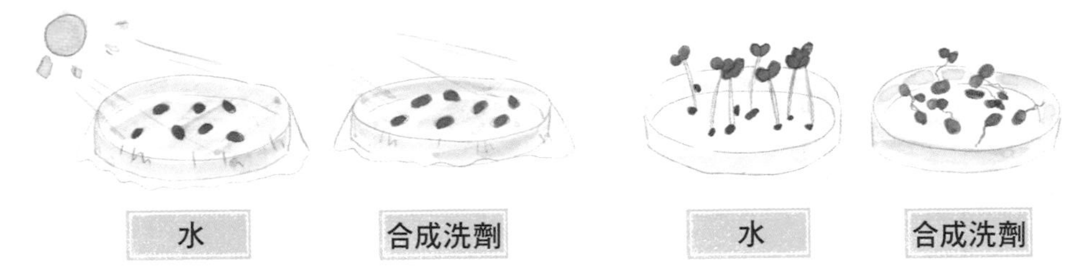

③用保鮮膜或透明蓋子蓋住培養皿，放置在溫暖的地方。

④1週後，比較2個培養皿中發芽的蘿蔔種子數目和狀態。

・**實驗結果**

在滴了水的培養皿中種子發芽得很好，但滴了合成洗劑溶液的培養皿中，種子卻不太會發芽，因為合成洗劑溶液破壞了種子。通過這個實驗可以知道，合成洗劑會對生態系統造成什麼樣不良的影響。

監修者的話

人生在世，能遇到良師益友是一大幸運。良師可以是家人、朋友或老師，有時也可以透過媒體或書籍相識。瑞秋・卡森是許多一般民眾以及環境保護運動相關人士心目中的「綠色導師」。

瑞秋・卡森撰寫的《寂靜的春天》、《大藍海洋》等海洋三部曲、《驚奇之心》等作品，以優美的語句喚醒我們對大自然的敬畏之心。

為什麼要將瑞秋・卡森介紹給孩子們呢？這應該和「孩子們為什麼要生活在大自然裡？」這個問題有關。瑞秋・卡森用充滿詩意的文筆，以讀者們易於理解的方式描述自然與生物之間的相互作用關係。閱讀瑞秋・卡森的書時，對大自然的熱愛會油然而生。這樣的情感就類似於美國著名的生物學家愛德華・威爾森所說的「親生命性」。根據愛德華・威爾森的說法，人類對所有活著的生物都有一種本能上的情緒依戀。也就是說，「親生命性」就是熱愛所有生命體的一種天性。瑞秋・卡森的書就發揮了激發和綻放這種「親生命性」的作用。

向小學生推薦成人們的導師是一件非常自然的事情，《瑞秋卡森與環保運動》一書裡，獸醫姊姊就向海琳介紹了自己的導師——瑞秋．卡森。然後很自然地，海琳也對瑞秋．卡森如癡如醉。《瑞秋卡森與環保運動》用一個孩子們能產生共鳴的故事，展現瑞秋．卡森的世界。從城市搬到海岸邊的女孩尹海琳，自然而然地受到瑞秋．卡森的影響，領悟到自然、環境和生命的重要性。

這本書的另一個魅力在於主角海琳就像我們身邊常見的朋友一般，是一個平凡而直率的人。而充滿親切感的角色人物尹海琳，在認識了瑞秋．卡森之後所感受到的震撼如實地傳遞給了讀者，這也是本書的一大特點，我們也可以感覺到自己對環境的想法和行為正慢慢地在改變。

希望有更多的讀者參與海琳的改變，享受大自然帶來的感動。

首爾新延中學科學教師　李壽鐘

國家圖書館出版品預行編目 (CIP) 資料

瑞秋卡森與環保運動：用實際行動改寫未來生態環境 / 姜誠垠著；閔承志繪；李壽鐘監修；游芯歆譯 . -- 初版 . -- 臺北市：臺灣東販股份有限公司 , 2024.04
112 面 ; 16.5×22.5 公分
ISBN 978-626-379-285-2(平裝)

1.CST: 卡森 (Carson, Rachel, 1907-1964)
2.CST: 環境保護 3.CST: 通俗作品

445.99 113001659

瑞秋卡森與環保運動

用實際行動改寫未來生態環境

2024年4月1日初版第一刷發行

作　　者　姜誠垠
繪　　者　閔承志
監　　修　李壽鐘
譯　　者　游芯歆
特約編輯　柯懿庭
編　　輯　吳欣怡
美術設計　許麗文
發 行 人　若森稔雄
發 行 所　台灣東販股份有限公司
　　　　　＜地址＞台北市南京東路4段130號2F-1
　　　　　＜電話＞(02)2577-8878
　　　　　＜傳真＞(02)2577-8896
　　　　　＜網址＞http://www.tohan.com.tw
郵撥帳號　1405049-4
法律顧問　蕭雄淋律師
總 經 銷　聯合發行股份有限公司
　　　　　＜電話＞(02)2917-8022